Sprachverhältnisse und Sprachgrenze in Belgien und Nordfrankreich

von

Prof. Dr. Th. Deneke
(Hamburg)

mit 2 Karten

Hamburg
L. Friederichsen & Co. (Dr. L. u. R. Friederichsen)
1915

Druck von J. J. Augustin in Glückstadt und Hamburg.

Das künftige Schicksal der südlichen Niederlande, die seit 1830 den Namen des Königreichs Belgien tragen, wird zusammen mit dem der anstoßenden nordfranzösischen Bezirke durch den gegenwärtigen großen Krieg entschieden werden. Mit gewaltiger Kraftentfaltung, mit schweren Opfern beider Parteien wird gekämpft, um diese zwischen der Straße von Dover und der Maas belegenen Gebiete zu gewinnen oder festzuhalten. Hier, wo so zahlreiche blutige Kriege der europäischen Mächte in früheren Jahrhunderten ausgefochten sind, werden, so scheint es, auch dieses Mal die wichtigsten Entscheidungen fallen. Aller Voraussicht nach kann man als Ergebnis des hartnäckigen Ringens tiefgreifende Umgestaltungen der bisherigen Macht- und Besitzverhältnisse in diesem Gebiete erwarten.

Neben den strategischen und militärischen Erfordernissen, die hier nicht zu besprechen sind, werden bei den bevorstehenden Neugestaltungen die in diesen Ländern seßhaften Völkerstämme nach ihrer Abstammung und ihrer sprachlichen Zugehörigkeit, nicht nach ihren zufälligen augenblicklichen Neigungen, zu berücksichtigen sein. Wenn das strenge Nationalitätsprinzip auch nirgends — nicht einmal in England oder auf dem Balkan, wo am meisten davon geredet wird — streng durchgeführt werden kann, so ist eine gewisse völkische Einheitlichkeit doch eine der wünschenswertesten und sichersten Grundlagen staatlicher Macht. Wir Deutsche, die wir diesen Weltkrieg nicht geplant hatten und keine Ausdehnung unserer europäischen Grenzen erstrebten, sind nun, wo sich drei Großmächte zu unserer Vernichtung verbündet haben und Belgien dem Bunde unserer Feinde beigetreten ist, gezwungen, in diesen heißumstrittenen Gebieten Verhältnisse zu schaffen, die uns gegen künftige ähnliche Überfälle die größtmögliche Sicherheit bieten. Wir haben also zu prüfen, inwieweit die bestehenden nationalen Verhältnisse der besprochenen Länder günstig oder ungünstig für uns liegen, und inwieweit sie die Verfolgung dieses Zieles erleichtern oder erschweren.

Dabei ist von vornherein dem Einwande zu begegnen, als ob der Krieg selbst die Sprachverhältnisse der Bevölkerung und die Sprachgrenze so gründlich umgestalten könnte, daß eine genauere Festlegung und Betrachtung der Zustände vor dem Kriege, wie sie statistisch natürlich allein erfaßbar ist, keinen großen Wert mehr beanspruchen könne. Ganz abgesehen davon, daß eine andere, bessere Grundlage überhaupt nicht zur Verfügung steht, ist davor zu warnen, diese Einwirkung des Krieges zu überschätzen. Mögen während des Krieges Städte und Dörfer in Trümmer geschossen werden und gänzlich veröden, mag ein großer Bruchteil der Einwohner flüchtig das Land verlassen, der Boden und mit ihm das Eigentumsrecht an den Grundstücken bleibt. Nach dem Kriege kommen die Eigentümer selbst oder ihre Erben, die meist demselben Volksteil angehören, wieder, Hütten, Häuser, Fabriken erstehen neu, und das Ergebnis ist wohl eine Abnahme der Bevölkerung in weiten Bezirken, sehr selten aber, wenn die neuen Herren des Landes nicht zu ganz ungewöhnlichen Maßregeln greifen, eine wesentliche Änderung in der sprachlichen Zusammensetzung der Bevölkerung. Dietrich Schäfer[1]) hat neuerdings mit besonderer (vielleicht etwas zu weit gehender) Bestimmtheit betont, wie beharrlich die deutsch-französische Sprachgrenze im Wechsel der Jahrhunderte und der politischen Verhältnisse sich behauptet hat. Das Schillersche Wort: „Wir gehorchen, aber wir bleiben stehen" gilt für alle am Boden haftenden Bewohner des flachen Landes und der kleinen Städte, die in Grenzländern öfter ihre Herren wechseln. Nur Industrieorte sind in der Zusammensetzung ihrer Bewohner unbeständig und sehr viel abhängiger von staatlichen Maßnahmen als landwirtschaftliche Bezirke.

So werden nach dem Kriege die Sprachverhältnisse auch in Belgien und den Nachbargebieten eine starke Neigung zeigen, zu den früheren Verhältnissen zurückzukehren. Die zurückkehrenden Flüchtlinge, die wieder zugelassenen Ausländer haben oft geringere Achtung vor der neuen Regierung, als diejenigen Bewohner, die der Kraftentfaltung der Eroberer während des Krieges, die Siege ihrer Heere aus nächster Nähe beobachten mußten; erstere wollen daher oft am wenigsten anerkennen, daß ein Krieg mit den Änderungen

[1]) Dietrich Schäfer, Die deutsch-französische Sprachgrenze. Internat. Monatsschrift f. Wissensch., Kunst u. Technik. Bd. VII. 1913. S. 17.

der Machtverhältnisse auch solche der Lebens- und Sprachverhältnisse mit sich bringen kann. So würde auch in dem hier besprochenen Gebiete nach dem Kriege vieles, vielleicht fast alles wieder so aufleben wollen, wie es vor dem Kriege war.

1. Die Sprachverhältnisse in Belgien.

Belgien gilt jedem Franzosen als ein französisch sprechendes Land, als eine Pflanzstätte französischer Kultur. Schon in den langen Jahrhunderten der burgundischen und der habsburgischen Herrschaft ist das Französische in wechselndem, im allgemeinen aber zunehmendem Maße von oben herab bevorzugt worden auf Kosten der Volkssprachen. Nach der Eroberung durch die französischen Revolutionsheere 1794 wurde das Land ausschließlich französisch regiert, und die kurze holländische Herrschaft 1815 bis 1830 war besonders deshalb in den südlichen Landesteilen so unbeliebt, weil sie die Geltung der französischen Sprache einschränkte. Seit der wallonischen Revolution von 1830 ist dann auch die Regierung des neu geschaffenen Staatswesens ganz in französischem Geiste geführt worden. Durch Gesetz wurden zwar drei Landessprachen anerkannt, das Französische, das Vlämische und das Deutsche. Das Französische aber wurde und blieb die einzige amtliche Sprache des Landes. Es war die Sprache des Hofes, der Regierung, des Heeres, der Universitäten, die bevorzugte Sprache der höheren Schulen, des Großhandels und des Fremdenverkehrs. Sogar unser deutscher Bädeker bevorzugt in seinem trefflichen Reisehandbuch für Belgien überall die französischen Namen, auch in den rein vlämischen Städten. Amtliche Schriftstücke und wissenschaftliche Werke sind in der großen Mehrzahl ebenso französisch wie die leichte Literatur, wie die großen Zeitungen und wie das Geplauder des Salons. Ganz französisch wird auch die Verwaltung der großen Kongo-Kolonie geführt.

So spricht jeder leidlich gebildete Belgier neben seiner Muttersprache französisch und macht jedem Fremden gegenüber mit Vorliebe von dieser „Weltsprache" Gebrauch. Es ist deshalb kein Wunder, daß viele, auch deutsche Reisende in Belgien nur den französischen Firnis sehen und zurückkehren, ohne eine Ahnung von der wirklichen Zusammensetzung des Volkes bekommen zu haben.

Dieses anerzogene Franzosentum sitzt aber nur bei einer wenig zahlreichen Oberschicht in Belgien wirklich fest. Weiter unten ist ein

Versuch gemacht worden, die Stärke dieser bewußt französischen Schicht, die natürlich fast ausschließlich ein Bestandteil der städtischen Bevölkerung ist, zahlenmäßig abzuschätzen. Vorher ist es notwendig einen allgemeinen Überblick über die tatsächlichen Sprachverhältnisse des Landes zu gewinnen.

Belgien hatte nach der am 31. Dez. 1910 vorgenommenen Zählung, über deren Ergebnis bisher in 2 Bänden [1]) amtlich berichtet ist, 7 423 784 Einwohner. Von diesen kannten 330 893, fast ausschließlich kleine Kinder, keine der drei Landessprachen. Diese werden sich hinsichtlich ihrer Abstammung und künftigen Sprache annähernd nach demselben Verhältnis verteilen wie die übrigen Bewohner; sie sind daher bei der Berechnung der Verhältniszahlen außer Acht gelassen und dieser die nach Abzug der „Sprachlosen" sich ergebenden Einwohnerzahl von 7 092 891 zu Grunde gelegt werden.

85.8 % der Einwohner waren einsprachig, 13.9 % zweisprachig und 0.7 % dreisprachig.

Wenn man zu den Einsprachigen diejenigen Mehrsprachigen hinzurechnet, die die betreffende Sprache zu beherrschen angaben, dann ergibt sich folgendes Bild der Sprachkenntnisse der belgischen Bevölkerung.

Sprachkenntnisse Ende 1910.

Es beherrschten:

die vlämische (niederdeutsche) Sprache . . .	4 153 149	=	58.6 %
die französische bezw. wallonische Sprache .	3 832 162	=	54.0 %
die hochdeutsche Sprache	167 607	=	2.4 %

Schon diese Gegenüberstellung zeigt, daß in Belgien eine unverkennbare vlämische Mehrheit besteht. Noch einleuchtender wird dieser Tatbestand erwiesen, wenn man neben den Sprachkenntnissen auch den Sprachgebrauch berücksichtigt. Die belgische Statistik hat 1910 zum ersten Male den Einwohnern außer der Frage nach den langues nationales qu'ils savent parler noch die von den Mehrsprachigen zu beantwortende Frage vorgelegt d' après la langue, dont ils ont déclaré se servir le plus fréquemment. Man kann also die Bedeutung einer Sprache als Gebrauchssprache ermitteln, wenn man die Mehrsprachigen, die erklärt haben, eine der drei Landessprachen gewohnheits-

[1]) Statistique de la Belgique, Population, Recensement général du 31. Décembre 1910, Tome II 1912, III 1913.

mäßig zu gebrauchen, den Einsprachigen der betreffenden Sprachgemeinschaft hinzurechnet.

Sprachgebrauch Ende 1910.

Als alltägliche Sprache benutzten:

das Vlämische (Niederdeutsche) . . .	3 832 193 = 54.05 % [1]
das Wallonische bezw. Französische .	3 180 003 = 44.85 %
das Hochdeutsche	77 395 = 1.1 %

Danach sprechen das Wallonisch-Französische etwa 650 000 = 9 % der Bevölkerung weniger als das Vlämische. In runden Zahlen ausgedrückt sprechen von 100 Belgiern 55 germanisch, 45 romanisch.

Die romanische Minderheit, auf die sich das französische Regiment stützt, hatte alle Aussichten, sich durch rücksichtslose Anwendung aller staatlichen und gesellschaftlichen Hülfsmittel [2]) allmählich zu einer Mehrheit zu entwickeln, wenn nicht die anfangs rein literarische, seit den siebziger Jahren auch politisch erfolgreiche vlämische Bewegung ihr entgegengetreten wäre. In der amtlichen Statistik von 1900 [3]) lesen wir, daß die Kenntnis des Französischen sich im Laufe der Jahre wie folgt in Belgien entwickelt hat:

1866	sprachen französisch	40 %	der Einwohner
1880	" "	52 %	" "
1890	" "	55 %	" "
1900	" "	55 %	" "

während die Kenntnis des Vlämischen in demselben Zeitabschnitt von 56 % nur auf 58 %, die des Deutschen von 1 % auf 2 % stieg. Seit 1900 ist aus dem bereits eingetretenen Stillstand des Französischen ein Rückschritt geworden, da nur noch 54 % französisch sprechen, während die Kenntnis des Vlämischen eine wenn auch bescheidene doch deutliche Zunahme zeigt. Die vlämische Bewegung hat sich offenbar nicht ohne Erfolg bemüht, eine Abneigung gegen die Erlernung und den Gebrauch des Französischen bei den Vlamen zu erzeugen, da die Zweisprachigen als halb und halb Abtrünnige, die der Sache der

---

[1]) Den Prozentberechnungen ist hier die Zahl 7 089 591 Personen zu Grunde gelegt, über die Feststellungen vorliegen.

[2]) Borchling, Das belgische Problem, Vortrag. Hamburg 1914, L. Friederichsen & Co.

[3]) Statistique de la Belgique, Population, Recensement général du 31. Décembre 1900, Tome I. 1903, S. XLV.

Volkssprache abgeneigt sind, gelten müssen. Und auch hier ist der Erfolg nicht ausgeblieben, wie nachstehende Zahlen erkennen lassen.

Es vermehrte sich von 1900 bis 1910

die Gesamtbevölkerung von 6 693 548 auf 7 423 784 d. h. um 10.9%.

In dem gleichen Zeitraume wuchs die Anzahl:

der nur vlämisch Sprechenden von 2 822 005 auf 3 220 662 d. h. um 14.1 %,

der nur französisch-wallonisch Sprechenden von 2 574 805 auf 2 833 334 d. h. um 10.0 %,

der nur hochdeutsch Sprechenden von 28 314 auf 31 415 d. h. um 10.1 %,

der vlämisch und franz.-wall. Sprechenden von 801 587 auf 871 288 d. h. um 8.7 %,

der vlämisch und hochdeutsch Sprechenden von 7 238 auf 8 652 d. h. um 19.5 %,

der franz.-wall. und hochdeutsch Sprechenden von 66 447 auf 74 993 d. h. um 12.9 %,

der Dreisprachigen von 42 889 auf 52 547 d. h. um 22.5 %.

Die Gesamtzahl aller ausschließlich oder neben einer anderen Landessprache

vlämisch Sprechenden stieg gleichzeitig von 3 673 719 auf 4 153 149 d. h. um 13 %,

franz.-wall. Sprechenden stieg gleichzeitig von 3 485 728 auf 3 832 162 d. h. um 9.9 %,

hochdeutsch Sprechenden stieg gleichzeitig von 144 888 auf 167 607 d. h. um 15.7 %.

Wie man sieht, hat das Französisch-Wallonische überall weniger zugenommen als der Gesamtzunahme der Bevölkerung entsprochen hätte, während das Vlämische eine erheblich größere Zunahme aufweist als die Gesamtbevölkerung. Auch die häufigste Vereinigung zweier Sprachen, die der vlämischen und der französisch-wallonischen hat nur um 8.7 % zugenommen, während die Gesamtbevölkerung sich um 10.9 % vermehrte. Auf die Zunahme der Dreisprachigen und der Verbindungen französisch-deutsch und vlämisch-deutsch ist der geringen absoluten Zahlen wegen, in denen viele Eingewanderte enthalten sein werden, weniger Wert zu legen.

Die Verhältnisse liegen in Wirklichkeit für die vlämische Sprache aller Wahrscheinlichkeit nach noch erheblich günstiger als es nach diesen Zahlen den Anschein hat. Zunächst sind die statistischen Erhebungen von der französisch gesinnten Zentralregierung sicher in die Hand von Beamten gelegt, die die gleichgültigen und unentschiedenen Elemente der Bevölkerung lieber als französisch oder auch französisch sprechend buchte, wie als vlämisch oder deutsch. Ganz besonders wird dies bei den in die wallonischen Provinzen eingewanderten Vlamen und Deutschen gelten. Dann aber ist schon die Einteilung der Sprachen für das romanische Element günstig. Hochdeutsch und niederdeutsch (vlämisch) werden als völlig verschiedene Sprachen getrennt gezählt, während französisch und wallonisch als eine Sprache gelten. Dabei ist das Wallonische, eine altfranzösische mit keltischen und germanischen Bestandteilen untermischte Mundart, von dem Schriftfranzösisch mindestens ebenso verschieden wie das Vlämische vom Hochdeutschen, und ohne den Volksschulunterricht würden die Wallonen das Pariser Französisch gar nicht verstehen. Würde man den Versuch machen, den gebildeten, reines Französisch sprechenden Bevölkerungsteil von den die Volkssprache sprechenden Wallonen zu trennen und beide gesondert zählen, dann würde die vlämische Mehrheit noch viel deutlicher hervortreten.

Wichtiger und interessanter als diese für das ganze Königreich geltenden großen Zahlen ist die räumliche Verteilung der Sprachen. Über die Sprachgrenze und ihre im Laufe der Zeit festzustellenden Veränderungen wird später eingehender zu sprechen sein; zunächst nur ein allgemeiner Überblick. Von den 9 Provinzen Belgiens sind nur zwei ganz ungemischt hinsichtlich der Volkssprache, das ist Antwerpen, das rein vlämisch und Namur, das rein französisch-wallonisch ist. Alle übrigen sind gemischt, doch so, daß Limburg, Ost- und Westflandern bis auf wenige Grenzorte vlämisch, Hennegau, Lüttich und Luxemburg in ebenso überwiegendem Maße wallonisch sind. In letzteren beiden Provinzen finden sich an der Ostgrenze ansehnliche hochdeutsche Niederlassungen, sogar die Hauptstadt der Provinz Luxemburg Arel (Arlon) mit ihren 12 000 Einwohnern liegt im deutschen Sprachgebiet. Am meisten gemischt ist die Provinz Brabant, deren nördliche zwei Dritteile dem Geltungsbereich der vlämischen Volkssprache angehören, während in dem südlichen Drittel wallonisch gesprochen wird. Auf die Verhältnisse in den Städten wird unten noch einzugehen sein.

Sprachkenntnisse in den Provinzen.

	Gesamteinwohnerzahl	Es sprachen und verstanden vlämisch	franz.-wallon.	hochdeutsch
Antwerpen . . .	968 677	899 528	146 412	31 216
Brabant	1 469 677	1 005 834	798 440	38 850
Westflandern . .	874 135	796 408	159 427	4 021
Ostflandern . . .	1 120 335	1 056 666	131 830	6 287
Hennegau	1 232 867	67 936	1 166 901	4 070
Lüttich	888 341	69 497	831 428	43 074
Limburg	275 691	249 652	39 969	2 120
Luxemburg . . .	231 215	1 969	209 101	36 009
Namur	362 846	5 659	348 654	1 960

Sprachgebrauch in den Provinzen.

	Einwohnerzahl nach Abzug der keine der Landessprachen sprechenden Einwohner	Gebrauchssprache vlämisch	franz.-wallon.	hochdeutsch
Antwerpen . . .	919 525	874 521	33 413	11 591
Brabant	1 407 301	830 037	565 346	11 918
Westflandern . . .	828 865	774 411	53 884	568
Ostflandern . . .	1 066 630	1 040 462	25 418	750
Hennegau	1 184 666	35 217	1 148 507	942
Lüttich	846 372	29 286	807 781	19 305
Limburg	259 251	246 263	12 491	495
Luxemburg . . .	220 773	534	188 627	31 612
Namur	349 508	1 462	347 834	212

Diese Übersicht läßt erkennen, daß die vlämischen Provinzen zwar eine große Anzahl die französisch-wallonische Sprache beherrschender Bewohner besitzen, daß die Gebrauchssprache aber nahezu ausschließlich vlämisch ist. Die ganz wallonischen Provinzen aber enthalten nur eine verschwindend geringe Anzahl von Bewohnern, die vlämische Sprachkenntnisse haben, und geradezu vereinzelt sind die Fälle, in denen diese Kenner des Vlämischen zugeben, daß sie diese Sprache auch gewöhnlich sprechen. So scheint in Luxemburg das Vlämische eine nahezu unbekannte Sprache zu sein; nicht einmal 1 %, in

Namur weniger als 2 % haben vlämische Sprachkenntnisse, und nur $^1/_4$ % bezw. $^1/_2$ % macht von diesen Sprachkenntnissen regelmäßigen Gebrauch. Das sind sehr verwunderliche Zahlen, wenn man bedenkt, daß das Vlämische in den Schulen gelehrt werden soll und daß die wallonische Industrie und Landwirtschaft der südlichen Provinzen seit langem eine ganz ansehnliche vlämische Zuwanderung anzieht. Man kann die Vermutung nicht unterdrücken, daß bei diesen Erhebungen eine gewisse amtliche Beeinflussung im Sinne der französischen Amtssprache stattgefunden hat. Dasselbe gilt auch für die übrigen wallonischen Landesteile, nur kommt es in der Übersicht über die Provinzen nicht so deutlich zum Ausdruck, weil diese von der Sprachgrenze berührt werden und vlämische Gemeinden einschließen. Jedenfalls erscheint der wallonische Teil Belgiens viel entschiedener romanisch in seiner sprachlichen Zusammensetzung als der germanische vlämisch oder deutsch; der Wallone verschmäht es offenbar grundsätzlich, eine der germanischen Landessprachen zu erlernen, wenn er im eigenen Sprachgebiet seinen Wohnsitz hat. Selbst wenn er im vlämischen oder deutschen Sprachgebiet wohnt, behält er sehr gern die romanische Sprache bei, und verlangt von den Vlamen oder Deutschen, daß sie seine Sprache sprechen.

Eine Bestätigung dieser Ergebnisse können wir aus einer Betrachtung der Sprachverhältnisse in den größeren Städten gewinnen. Das städtische Leben hat sich in früheren Jahrhunderten fast ausschließlich in dem nördlichen ebenen und fruchtbaren vlämischen Teil des Landes entwickelt. Die einzig dastehende Blüte in Gewerbefleiß und Kunst, die im Mittelalter und im Beginn der Neuzeit die südlichen Niederlande zu dem reichsten und begehrenswertesten Gebiet Europas machten, ist das ausschließliche Verdienst und Eigentum der vlämischen Städte und des vlämischen Volkes gewesen. Erst im 19. Jahrhundert, als Kohle und Eisen den früher armen wallonischen Bezirken zu einer schnellen Entwickelung verhalf, haben sich auch ansehnliche Städte im Süden des Landes entwickelt; über 100 000 Einwohner hat aber nur eine wallonische Stadt, die alte Bischofsstadt Lüttich erreicht. Manche vlämische Städte sind seitdem still geworden und zehren von ihrem alten Ruhm, andere, vor allem Antwerpen, haben sich im Einklang mit ihrer vlämischen Vergangenheit glänzend weiter entwickelt, während Brüssel zwar als Residenz und leichtlebige moderne Großstadt sich üppig entfaltet, dabei aber eine seinen vlämischen Überlieferungen wenig entsprechende Richtung eingeschlagen hat.

Unser Überblick beginnt am besten mit Antwerpen, das dem Deutschen nie eine fremde Stadt gewesen ist und als einer der wichtigsten Ausfuhrhäfen unseres rheinisch-westfälischen Industriegebiets seit Jahrzehnten wieder in regstem Verkehr mit Deutschland steht. Die Stadt hatte 1910 mit den Vororten Berchem, Borgerhout, Deurne, Hoboken und Merxem 428 000 Einwohner gegen 369 000 im Jahre 1900. Außer Antwerpen besitzt das Land 11 vlämische Städte mit über 20 000 Einwohnern, nämlich Gent (166 000), Mecheln (59 000), Brügge (53 000), Ostende (44 000), Löwen (42 000), Kortryk (Courtrai[1]) (36 000), Aalst (Alost) (35 000), St. Nikolas (35 000), Roeselaere (Roulers) (25 000), Turnhout (24 000), Ronsse (Renaix) (22 000). Diese unter sich ziemlich gleichartigen Städte sind zu einer gemeinsamen Gruppe zusammengefaßt und der Gesamtheit der wallonischen größeren Städte gegenübergestellt. Hier handelt es sich nur um 7 Orte, die 20 000 oder mehr Einwohner umfassen: Lüttich (168 000), Verviers (47 000), Seraing (41 000), Tournai (Doornyk) (37 000), Namur (Namen) (32 000), Charleroi (28 000), Mons (28 000). Eine besondere Stellung nimmt die Hauptstadt Brüssel ein, in der beide Volksstämme annähernd gleich stark vertreten sind.

Auch hier ist es von Belang, zwischen Sprachkenntnissen und Sprachgebrauch zu unterscheiden und zwischen 1900 und 1910 einen Vergleich zu ziehen, da die Städte der ersten Gruppe teilweise Mittelpunkte der vlämischen Bewegung sind. Leider lassen sich aber nur die Sprachkenntnisse vergleichen, da über den Sprachgebrauch 1900 keine Befragung stattfand.

Hinsichtlich der Sprachkenntnisse sehen wir aus Tabelle 1, daß in Antwerpen und den übrigen vlämischen Städten nahezu jedermann vlämisch spricht und versteht, daneben aber etwa ein Viertel der Einwohner die französische Sprache beherrscht. Doch hat dieser zweisprachige Bruchteil sich in dem Jahrzehnt von 1900—1910 in Antwerpen von 25.8 % auf 24.1 %, in den übrigen vlämischen Städten

[1]) Bei vlämischen Orten sind die wallonischen, bei wallonischen die vlämischen Namen in Klammern beigefügt.

Tabelle 1.

Sprachkenntnisse und Gebrauchssprache in den größeren Städten Belgiens.

Städte	1900					1910							
	Einwohnerzahl		Sprachkenntnisse			Einwohnerzahl		Sprachkenntnisse			Gebrauchssprache		
	Gesamtzahl	Berichtigte Zahl*	vläm. %	wallon. und franz. %	hochdeutsch %	Gesamtzahl	Berichtigte Zahl*	vläm. %	wallon. und franz. %	hochdeutsch %	vläm. %	wallon. und franz. %	hochdeutsch %
Antwerpen mit Vororten	360 800	336 700	95.0	25.8	5.9	428 300	409 900	96.1	24.1	6.8	90.8	6.5	2.7
11 vlämische größere Städte	506 400	478 900	97.8	26.2	1.2	541 900	519 300	97.3	25.4	1.4	93.3	6.4	0.2
7 wallonische größere Städte	362 200	345 800	9.7	98.4	5.4	380 800	369 200	8.4	98.7	4.8	2.2	97.0	0.8
Brüssel mit 13 Vororten	599 000	570 500	73.7	74.4	4.9	720 300	695 200	68.7	76.5	4.9	46.4	52.1	1.5

* Erhalten durch Abzug der keine der drei Landessprachen sprechenden Einwohner (meist Kinder unter 2 Jahren). Nach dieser berichtigten Zahl sind die Verhältniszahlen berechnet.

von 26.2 % auf 25.4 % vermindert. Dem steht in den wallonischen Städten eine Abnahme der verhältnismäßig stets viel geringeren vlämischen Sprachkenntnisse von 9.7 % auf 8.4 % gegenüber. Wie man sieht, scheint eine wallonisch-französische Gegenbewegung die vlämische Bewegung zu bekämpfen, so daß die Trennungslinie, die das verschiedene Volkstum im Lande zieht, sich mehr und mehr vertieft.

Wie schon bei den Sprachkenntnissen hervortritt, so zeigen auch die Zahlen der Gebrauchssprache wiederum, daß die wallonisch-französischen Städte viel einseitiger romanisch sind als die vlämischen Städte germanisch. In Antwerpen benutzen 6.5 %, in den übrigen vlämischen Städten 6.4 % das Französische als tägliche Umgangssprache, während in den romanischen Städten nur 2.2 % gewöhnlich vlämisch sprechen. Dabei besteht, wie oben erwähnt, eine ansehnliche Einwanderung von Vlamen in das wallonische Sprachgebiet, während die Wallonen nur in geringer Zahl als Beamte und Angestellte ihren Wohnsitz in das vlämische Gebiet verlegen. Obige 6.5 oder 6.4 % kennzeichnen also einigermaßen die Stärke der bewußt französischen Oberschicht, die die Idee des belgischen, in französischem Geiste zu lenkenden Einheitsstaates vertritt, die auch in vlämischer Umgebung die französische Sprache ständig gebraucht. Man kann mit einiger Wahrscheinlichkeit annehmen, daß in den übrigen Städten des Landes, die im Gegensatz zum flachen Lande nahezu allein als Wohnorte der Träger der Zentralisation in Betracht kommen, ein annähernd gleich großer Prozentsatz der Einwohner den entschieden französierenden Neigungen huldigt, in der Hauptstadt und in Lüttich vielleicht eine etwas größere Zahl. Die Mehrheit spricht in Belgien wie überall die Volkssprache, denkt an die tägliche Arbeit, das tägliche Brot und das sonntägliche Vergnügen, und läuft in staatlichen wie in völkischen Fragen nur so mit. Wie groß diese Schicht der Gleichgültigen, in dumpfer Unwissenheit Dahinlebenden sein muß, das zeigt die ungeheure Anzahl von 1 877 595 Analphabeten in Belgien (1910), von denen 684 125 über 15 Jahre alt sind.

Rechnet man also 7 % von etwa 2 Millionen Bewohnern größerer Städte, so kommt man dazu, die Stärke der französisch zentralistischen Gesellschaftsschicht auf rund 140 000 zu schätzen. In dieser Zahl sind außer den Männern auch Frauen und Kinder, bekanntlich nicht die schlechtesten Agitatoren, einbegriffen.

Diese Kerntruppe wird verstärkt durch die große Zahl der in Belgien zwar wohnenden, aber in Frankreich geborenen Personen, die (1910) 119 148 betrug; über 44 000 davon wohnten im Hennegau, 26 500 in Brabant. Erheblich weniger Bewohner Belgiens, immerhin aber eine stattliche Zahl, 80 765, besaßen die französische Staatsangehörigkeit; von diesen lebten im Hennegau über 30 000, in Brabant 21 000, während der Rest sich auf die übrigen Provinzen verteilt; nur Limburg geht fast ganz leer aus.

Belgien ist offenbar als Wohnsitz bei den Franzosen besonders beliebt und übt auch auf andere Ausländer starke Anziehungskraft. 277 910 seiner Bewohner sind im Auslande geboren und 254 547 sind Angehörige fremder Staaten. Da die Erhebung am 31. Dezember, d. h. in einer Zeit des Jahres gemacht ist, in der Geschäftsreisende und Vergnügungsreisende kaum in Betracht kommen, so haben wir in diesen Zahlen wirklich ansässige Ausländer vor uns. An manchen Orten kommt es zu einer erheblichen Anhäufung von Ausländern: so wohnen in Brüssel und Vororten 23 101 in Frankreich geborene Personen. Das nationale Gesicht und vor allem die nationale Stimmung mancher Orte würde sich merklich ändern, wenn diese ausländischen Bewohner ausgeschaltet würden. Die Kinderarmut der Franzosen ist bekannt, aber sie ersetzen diesen Mangel durch unermüdliches Werben für ihre Sprache und ihre Lebensformen. In einem Lande wie Belgien, das eine eigene geschlossene nationale Kultur nicht hervorbringen kann, und dessen Regierung stets franzosenfreundlich, ja französisch war, wird jeder eingewanderte Franzose, zumal jeder Wohlhabende, zahlreiche Landeskinder zu Franzosen oder doch zu Französlingen machen.

Dies ist dem französischen Wesen vor allem in der Hauptstadt Brüssel gelungen. Obwohl im vlämischen Sprachgebiet, wenn auch unweit der Sprachgrenze belegen, und ursprünglich sicher vlämisch, hat es doch in den letzten Jahrhunderten, in denen die jeweilige Regierung fast stets mehr oder weniger die französische Sprache bevorzugte, immer einen ansehnlichen französischen Bevölkerungsanteil gehabt. Um aber eine wirkliche Mehrheit zu gewinnen, wurde die Schule herangezogen und in der Hauptstadt auch in den Volksschulen das Französische als ausschließliche Unterrichtssprache eingeführt. 1900 hielten das Vlämische und das Französische sich noch einigermaßen die Wage, insofern als die Zahl der Bewohner, die ausschließlich vlämisch sprachen, etwas größer war, als die Zahl derjenigen, die ausschließlich französisch sprachen; durch die Mehrsprachigen, die das Französische bevorzugten, wurde aber doch schon ein geringes Übergewicht des Französischen herbeigeführt: 424 260 Personen beherrschten das Französische, 420 790 das Vlämische. Die Zählung von 1910 ergab eine ausgesprochene französische Mehrheit; von 720 300 Einwohnern beherrschten 531 521 das Französische, 477 388 das Vlämische. 76.5 % der Einwohner beherrschten das Französische und 68.7 % das Vlämische. Auch als Gebrauchssprache hat das Französische die Oberhand: es wird von 361 909 Bewohnern regelmäßig benutzt, das Vlämische nur von 322 531.

Diese Verwelschung hat sich nun keineswegs in allen Stadtteilen gleichmäßig vollzogen: es ergibt sich vielmehr aus einer gesonderten Betrachtung der Verhältnisse in den einzelnen Vororten, wie sie Tabelle 2 ermöglicht, daß sämtliche am linken Ufer der Senne belegenen Vororte noch heute eine ansehnliche vlämische Mehrheit bewahrt haben. Jette, Laeken, Koekelberg, Molenbeek-St. Jean, Cureghem-Anderlecht sind vorwiegend vlämisch geblieben. Das eigentliche Brüssel mit dem Kranze der nordöstlichen, östlichen und südlichen Vorstädte und Vororte Schaerbeck, St. Josse ten Noode, Etterbeek, Ixelles (Elsene), St. Gilles, Forest sind vorwiegend französisch, am meisten Ixelles mit über 70 %, St. Gilles mit 70 % gewohnheitsmäßig französisch sprechender Bewohner. Am rechten Senneufer haben nur die entlegeneren, städtisch noch weniger entwickelten Vororte Uccle und Woluwe-St. Lambert zur Zeit noch eine vlämische Mehrheit.

Was die **Kenntnis und den Gebrauch des Deutschen** in den Städten betrifft, so steht hier Antwerpen mit 6.8 % bezw. 2.7 % allen voran, während die übrigen vlämischen Städte recht geringe Zahlen aufweisen. Verbreiteter ist das Deutsche in den der Grenze nahe gelegenen wallonischen Städten Lüttich, Verviers und Seraing. In Brüssel verstehen und sprechen fast 5 % der Bewohner (genau 4.9) das Deutsche. Der deutsche Anteil ist in dem Jahrzehnt von 1900 bis 1910 in Brüssel unverändert geblieben, in Lüttich in geringem Maße, in Antwerpen erheblich gestiegen, während in Verviers und Seraing

Tabelle 2.
Sprachverhältnisse in Brüssel und Vororten Ende 1910.

	Einwohnerzahl	Sprachkenntnisse			Gebrauchssprache		
		vläm.	franz. und wallon.	hochdeutsch	vläm.	franz. und wallon.	hochdeutsch
Brüssel	177 078	119 262	141 621	10 299	79 228	89 517	3 434
Vororte links der Senne.							
Jette	14 782	12 232	6 339	418	10 861	3 205	129
Laeken	35 024	28 571	20 713	932	22 726	10 595	281
Koekelberg	12 750	10 338	6 435	343	8 389	3 723	81
Molenbeek St. Jean	72 783	57 616	44 762	2 043	43 116	26 274	575
Cureghem-Anderlecht	64 137	49 130	36 368	2 220	38 642	21 550	1 045
Vororte rechts der Senne.							
Schaerbeek	82 480	56 431	64 420	4 317	35 948	42 321	1 225
St. Josse ten Noode	31 865	19 279	27 449	2 322	8 769	21 553	755
Etterbeek	33 227	20 429	25 307	1 017	13 776	18 047	163
Ixelles (Elsene)	72 991	28 415	63 158	4 442	14 760	54 142	1 540
St. Gilles	63 140	35 092	54 978	3 435	16 101	44 298	840
Forest	24 228	14 573	17 676	1 190	9 025	13 716	427
Uccle	26 979	19 717	16 788	887	15 739	10 004	205
Woluwe-St. Lambert	8 883	6 303	4 607	337	5 451	2 964	57
Gesamtsumme	**720 347**	**477 388**	**510 621**	**34 202**	**322 531**	**361 909**	**10 739**
Für die Prozentberechnung berichtigt [1]	695 178				46.4%	52.1%	1.5%

[1]) Vgl. die Anmerkung zu Tab. 1 auf Seite 13.

ein Rückgang eingetreten sein soll. Die Zahl der Personen, die Deutsch verstehen und sprechen, betrug 1910 in

Brüssel	34 202	Löwen	1 047
Antwerpen	27 900	Ostende	1 092
Lüttich	9 209	Namur	696
Verviers	4 936	Mons	395
Seraing	1 356	Charleroi	357
Gent	3 513	Tournai	332
Brügge	915	Aalst	279
Mecheln	655		

und blieb in den übrigen oben erwähnten Städten (Turnhout, Kortryk, Roeselaere, Ronsse und St. Nikolas) unter 200. Als Gebrauchssprache spielt das Deutsche naturgemäß eine verhältnismäßig geringe Rolle, weil eine kleine Minderheit nur ausnahmsweise die Verkehrssprache bestimmen kann.

Staatsangehörige des Deutschen Reichs beherbergt Belgien 57 010, also beträchtlich weniger als französische Staatsangehörige (80 765). Während aber die Zahl der in Frankreich geborenen Personen fast das anderthalbfache der französischen Staatsangehörigen beträgt (119 148), ist die Zahl der in Deutschland geborenen Personen (50437) niedriger als die der deutschen Staatsangehörigen. Offenbar besteht also die französische Einwanderung aus ganz anderen Elementen als die deutsche; bei jener ein größerer Bruchteil einzelnstehender Personen oder Ehepaare, die in Belgien zwar leben aber keine Kinder bekommen, bei den Deutschen eine überwiegende Anzahl von Ehepaaren, deren Kinder in Belgien geboren werden und die Staatsangehörigkeit der Eltern behalten.

Auch die deutsche Einwanderung ist hauptsächlich in die Großstädte und die Grenzbezirke gerichtet und bildet dort hie und da Teil-Ansammlungen, die auf den sprachlichen Charakter der Ortschaften merklich einwirken. Die wichtigsten solcher Ansammlungen sind in nachstehender kleinen Übersicht zusammengestellt:

Es wohnen in	Im Deutschen Reiche geborene Personen	Deutsche Staatsangehörige
Brüssel	14 159	15 415
Antwerpen	7 840	9 865
Lüttich	4 493	5 513

Es wohnen in	Im Deutschen Reiche geborene Personen	Deutsche Staatsangehörige
Verviers	2 687	2 959
Seraing	764	1 086
Gent	487	585
Löwen	311	321

Von anderweitigen Ausländern, die die sprachlichen Verhältnisse der von ihnen bewohnten belgischen Gemeinden beeinflussen, sind noch zu nennen die Niederländer und die Luxemburger. 64 660 in den Niederlanden geborene Personen und 70 950 niederländische Staatsangehörige wohnen in Belgien hauptsächlich in den Grenzbezirken und in Brabant. Sie verstärken natürlich das vlämische Element. Das kleine Großherzogtum Luxemburg hat 10 628 im Großherzogtum geborene Personen nach Belgien entsandt, von denen 10 367 die luxemburgische Staatsangehörigkeit beibehalten haben. Wenn die amtlichen Kreise des Großherzogtums sich auch gern französisch gebärden, so sprechen doch die Bewohner des Landes sämtlich deutsch und vermehren in den von ihnen aufgesuchten belgischen Bezirken — besonders in den Provinzen Luxemburg, Lüttich und Brabant — das deutsche Element.

2. Der gegenwärtige Verlauf der Sprachgrenze in Belgien und Nordfrankreich (Karte 1).

Nach diesem Überblick über die sprachliche Zusammensetzung der belgischen Bevölkerung wenden wir uns der genaueren Betrachtung der oben in großen Zügen skizzierten Sprachgrenze zu, die auf Karte 1 eingezeichnet ist. Sie beginnt in der Südostecke des Königreichs in der Nähe der französisch-luxemburgischen Grenze bei Longwy und verläuft zunächst auf belgischem Gebiet nordwärts, indem sie ein die Provinzialhauptstadt Arel (Arlon) umgebendes hochdeutsches Gebiet mit etwa 29 000 deutsch sprechenden Einwohnern östlich läßt. Dieses Gebiet hätte eigentlich, als 1839 die letzten Schwierigkeiten zwischen den durch die wallonische Revolution geschaffenen Belgien und Holland durch die Teilung von Luxemburg beseitigt werden sollten, dem Großherzogtum Luxemburg angegliedert werden müssen, denn es bestand die Absicht, diesem die deutschsprechenden Landesteile, dem Königreich Belgien die wallonischen zuzuweisen. Wie der Irrtum zu Stande gekommen ist, die damals sicher ebenso deutsche Gegend von Arel für wallonisch zu halten, habe ich nicht aufklären können. Vielleicht hatten schon zu jener Zeit (wie leider meist noch heute) die deutschen Orte der Grenzbezirke auf allen Karten romanische Namen, und daraus wurde auf die Stammeszugehörigkeit der Bewohner geschlossen. Jedenfalls blieb dem Großherzogtum ein Zehntel der Einwohner, auf die es Anspruch hatte, vorenthalten.

Im weiteren Verlauf nach Norden nähert sich die Sprachgrenze der Landesgrenze zwischen Belgien und dem Großherzogtum Luxemburg, später zwischen Belgien und Rheinpreußen und verschmilzt streckenweise mit ihr. Zunächst finden sich noch einzelne deutsche Niederlassungen auf belgischem Gebiet, dann geht die Sprachgrenze nach Rheinpreußen hinein und umschließt etwa 9000 wallonisch („dietschwelsch“) sprechende Bewohner im Kreise Malmedy. Nordöstlich von diesem Zipfel, bei Eupen und Aachen greift das Hochdeutsche auf belgisches Gebiet über; ein Streifen von 9 belgischen Gemeinden liegt der Grenze entlang, deren Gebrauchssprache hochdeutsch ist.

Hier, etwa in der Mitte zwischen Lüttich und Aachen, verläßt die romanisch-germanische Sprachgrenze die nordsüdliche Richtung, die sie von Monte Rosa ab mit geringen Wellenlinien verfolgt hat, und biegt in einen nur wenig abgeschrägten rechten Winkel nach Westen um; sie behält dann ihre westöstliche Richtung durch ganz Belgien hindurch bei. Dieser rechte Winkel bei Lüttich ist eine der auffallendsten Stellen der gesamten Sprachgrenze, die nach Dietrich Schäfer sich im wesentlichen schon im 5. Jahrhundert so festgelegt hat, wie sie heute besteht. Die salischen Franken, die Vorfahren der Vlamen und Holländer, fluteten von Osten her in das Mündungsgebiet der Maas und der Schelde; sie besetzten die Küste und das bequem zu bebauende fruchtbare Land der Niederungen. In die wenig bewohnten dicht bewaldeten Bergländer Südbelgiens einzudringen, sahen sie sich wenig versucht. Kurth [1]), der maßgebende belgische Forscher über die Sprachgrenze, weist besonders darauf hin, daß sich in dem Berglande zwischen oberer Schelde und Maas der Saltus carbonicus, der schwer zu durchquerende Kohlenwald ausgedehnt habe. So konnten sich hier die romanisierten Nachkommen der tapferen alten Belgier, der Gegner des

1) Kurth G.: La frontière linguistique en Belgique et dans le Nord de la France, Brüssel I, 1895, II 1898.

Cäsar, halten. Auch von Osten her, wo die hochdeutschen Stämme der ripuarischen Franken auf diese Gegend hindrängten, war sie durch unwegsame Gebirge, deren Rauheit noch heute sprichwörtlich ist, das hohe Venn und die Ardennen geschützt. Später hat dann die Gunst der Regierenden den Bestand des Romanentums in dieser Gegend nachhaltig gefördert; deutsche Landesherren und Bischöfe schonten stets achtungsvoll die Eigenart ihrer romanischen Untertanen, burgundische und französische Landesherren kannten nur die romanische Sprache und bekämpften alles Deutsche. Mehr als alles dieses aber hat die wirtschaftliche Entwicklung dieses Gebiets, insbesondere die Eisen-, Waffen- und Textilindustrie für Mehrung und Kräftigung des Romanentums gesorgt, das jetzt, um die drei Städte Lüttich, Verviers und Seraing gruppiert, als fester Block gegen die nördlichen Niederdeutschen und die östlichen Oberdeutschen sich behauptet hat.

Bei Aubel nahe Verviers stößt das Hochdeutsche und das Niederdeutsche (Vlämische) zusammen. Nur eine schmale Kette vlämischer Ortschaften liegt noch auf dem rechten Ufer der Maas auf belgischem Gebiet, angeschmiegt an das hier weit nach Süden vorspringende holländische Gebiet um Maastricht, das mit der holländischen Provinz Limburg bis 1866 zum Deutschen Bunde gehörte. Die Sprachgrenze trifft die Maas nördlich von Visé, einem wegen hinterlistiger Überfälle der Bewohner jetzt zerstörten Ort am rechten Maasufer, genau an der Stelle, wo die politische Grenze zwischen Holland und Belgien die Maas erreicht.

Das gegenüberliegende linke Maasufer ist wallonisch; erst einige Kilometer weiter nördlich, nahe bei der Stadt Maastricht beginnen auch am linken Ufer vlämische Ortschaften. Von Maastricht aus verläuft die Sprachgrenze dann fast geradlinig nach Westen.

Die erwähnte Maastrichter Ecke ist in politischer Hinsicht bemerkenswert. Wie die Karte zeigt, ist hier die Verbindung zwischen dem zusammenhängenden deutschen Sprachgebiet des Deutschen Reiches und dem zusammenhängenden vlämischen Sprachgebiet Belgiens unterbrochen. Wenn man von den wenigen vlämischen Dörfern absieht, die rechts der Maas liegen, können wir Deutschen das vlämische Sprachgebiet nur über holländisches oder über wallonisches Gebiet erreichen.

Die Sprachgrenze folgt zunächst im wesentlichen der Grenze der Provinzen L ü t t i c h und L i m b u r g; einige Grenzortschaften der letztereu Provinz sind von den Wallonen erobert; ein nordwestlicher Ausläufer der Provinz Lüttich, der sich zwischen Limburg und Brabant einschiebt, ist größtenteils vlämisch; hier liegt Landen und das schlachtberühmte Neerwinden.

Von Brabant ist das südliche Drittel romanisch, der Bezirk Nivelles ganz, aber auch ansehnliche Teile der Bezirke Löwen und Brüssel. Löwen selbst liegt etwa 8 Kilometer, Brüssel 12 Kilometer nördlich von der Sprachgrenze im vlämischen Gebiet. Wir haben oben gesehen, daß Brüssel seine südlichen, wallonisch-französisch sprechenden Vororte nach der Sprachgrenze zu immer weiter vorstreckt, so daß aus der französischen Insel, die Brüssel sich jetzt zu sein rühmt, bei ungestörter Entwickelung bald eine französische Halbinsel zu werden droht. Waterloo, 16 Kilometer südlich von Brüssel, wo vor bald 100 Jahren das erste französische Kaiserreich zu Grabe getragen wurde, ist bereits wallonisch. Im südlichen geschlossenen wallonischen Sprachgebiet der Provinz Brabant wohnen etwa 200000 Wallonen.

Von der westlich anschließenden Provinz Hennegau (Hainaut), deren Gebiet die Sprachgrenze nun betritt, sind nur kleine nördliche Grenzbezirke vlämisch, hauptsächlich die Stadt Enghien und einige zwischen Geerardsbergen und Ronsse belegene dörfliche Gemeinden. Sonst ist der gesamte Hennegau wallonisch, obwohl seine nördliche Hälfte mit germanischen Ortsnamen reichlich durchsetzt ist.

Die nördlich an den Hennegau anstoßende Provinz Ostflandern gehört zu den sprachlich einheitlichsten Provinzen Belgiens; sie ist fast ganz vlämisch. Die Sprachgrenze zieht an der südlichen Grenze der Provinz entlang, und nur wenige ländliche Orte der Südwestecke sprechen wallonisch.

Westflandern, in seinem Kern ganz vlämisch, ist an seiner Südgrenze durch einen bis in die neueste Zeit hin- und herwogenden Sprachenkampf zerrissen. Die großen Städte des benachbarten französischen Flandern, Lille (Rijssel), Roubaix (Rodebeeke) und Tourcoing wirkten jahrhundertelang im französischen Sinne auf die Umgebung ein. Germanische Ortsnamen finden wir am Südufer der Leie (Lys) bis in die nächste Nähe der genannten Städte, ja darüber hinaus. Lille selbst soll nach Kurth stets romanisch gewesen sein, doch ist dies nicht unbestritten. Die romanische Sprache hatte bis gegen Ende des 19. Jahrhunderts nicht nur das Südufer der Leie ganz erobert, sondern war auch in das belgische Westflandern eingedrungen. Reckhem,

Comen (Comines belge), Houthem, Neder Waesten (Bas Warneton), Waesten (Warneton), Ploegsteert waren erobert worden. Während bis 1860 in Warneton am St. Valentinstag die herkömmlichen Gesänge noch vlämisch gesungen wurden, fand Kurth etwa 30 Jahre später nur noch vlämische Kinderreime in Gebrauch, deren Sinn aber die Kinder nicht mehr verstanden.

Seitdem ist nun ein beachtenswerter Umschwung eingetreten. Die Kinderarmut der Franzosen hat die Fabrikherren von Lille und Umgebung gezwungen, mehr und mehr vlämische Arbeiter aus Westflandern heranzuziehen. So sind auf belgischem Gebiet Comen und Reckhem (nach nichtamtlichen Angaben auch Houthem) dem Vlamentum wiedergewonnen worden. Die Sprachgrenze greift sogar wieder auf das südliche, französische Ufer der Leie über. Neder-Werwick und Halluin wurden hier neugewonnen. Der Halbkreis, mit dem die politische Grenze Lille im Norden umgibt, wird so von der Sprachgrenze abgeflacht.

Nordwestlich von Lille bei Armentières betritt die Sprachgrenze das französische Gebiet. In Belgien ermöglicht die amtliche Statistik eine genaue Aufzeichnung der Sprachgrenze, so daß ich ein Verzeichnis aller an der Sprachgrenze belegenen Ortschaften aufstellen konnte, das dieser Schrift als Anhang beigefügt ist.

Nordfrankreich. In Frankreich liegen amtliche Ermittlungen über die Sprachverhältnisse nicht vor, doch sind auch hier die Tatsachen nicht nur durch Kurth's Forschungen, sondern auch durch die Arbeiten der einander bekämpfenden vlämischen und französischen nationalen Vereinigungen hinreichend klargestellt. In seiner neuesten Veröffentlichung [1]) beziffert der um die Bearbeitung der elsaß-lothringischen Sprachgrenze hochverdiente Archivrat Dr. Hans Witte-Schwerin die Zahl der in französisch-Flandern lebenden Vlamen auf etwa 250 000, wobei ein ansehnlicher Teil auf die in die Umgegend von Lille eingewanderten vlämischen Arbeiter zu rechnen ist. Immerhin erscheint die Schätzung Schäfers, der für das an belgisch Westflandern anschließende vlämische Sprachgebiet Nordfrankreichs nur 60 000 Bewohner rechnet, etwas niedrig gegriffen. Dies geschlossene Gebiet der vlämischen Volkssprache wird begrenzt von dem Halbkreise Armen-

[1]) Deutsche Erde 1913, S. 35.

tières, Aire, St. Omer (St. Omaars), Burburg, Dünkirchen. In allen diesen städtischen Niederlassungen jedoch ist das Vlämische bereits in der Minderheit, während das flache Land bis heute dem Vlämischen treu geblieben ist. Der Einwirkung der französischen Herrschaft ist es zuzuschreiben, wenn einige Grenzgemeinden, so Malo, Kondekerke, St. Pol, Kl. Synthe bei Dünkirchen, außerdem Ebblinghem, Motte und Oud-Berkijn, die Kurth auf seiner 1898 erschienenen Karte sämtlich noch als vlämisch verzeichnet, jetzt eine französische Mehrheit haben. An städtischen Niederlassungen umschließt das vlämische Gebiet nur St. Winoks-Bergen (Bergues), das mit Dünkirchen durch Befestigungen verbunden ist, Hondschoote, Cassel, Hazebroek und Belle (Bailleul).

Trotz der ungünstigen äußeren Umstände hat die vlämische Bewegung sich auch in diesen Gebieten geregt und die Verwelschung zu verhüten versucht. 1853 wurde zu Dünkirchen die Maatschappij van Vlaemsche Letterkunde begründet und kurz darauf das Comité flamand de la France. Die alten volkstümlichen Rednerkammern lebten wieder auf, belgisch-vlämische Künstler machten Fahrten nach französisch Flandern und trugen Dichtungen in der alten Muttersprache vor; ein Verein „pro Westlandia" bildete sich in Belgien mit dem besonderen Ziele, die Beziehungen zu den Landsleuten jenseits der Grenze zu pflegen. Alle diese Bestrebungen haben bewirkt, daß doch ein gewisser Stillstand im Vordringen des Franzosentums eingetreten ist, ja sogar ein Rückschritt von dessen Vorkämpfer Dewachter in einem 1908 vor dem Kongreß pour l'Extension et la Culture de la Langue Française zugegeben wurde.

Berücksichtigen wir ferner den erheblichen Geburtenrückgang der französischen Bevölkerung, während unter den Vlamen ein ansehnlicher Geburtenüberschuß wenigstens auf dem flachen Lande noch unvermindert fortbesteht, dann ist die Zukunft des Vlamentums in Nordfrankreich doch nicht allzu ungünstig zu beurteilen. So wenig man Sicheres über den Bestand einer Sprache sagen kann, die ganz oder fast ganz auf mündliche Überlieferung angewiesen ist, so ist doch vorerst kein Grund vorhanden, diesen entferntesten westlichen Ausläufer des germanischen Stammes verloren zu geben. 1870 hat sich hier, wie Witte berichtet, eine sehr deutliche Hinneigung zu Deutschland gezeigt. „Massendesertionen waren an der Tagesordnung, die Mobilgarden der Gegend äußerten unverhohlene Freude über deutsche

Siege, die Bevölkerung leistete den deutschen Truppen Vorschub, ja Hoffnungen auf Wiedervereinigung mit den Stammesbrüdern in Belgien und Holland wurden geäußert."

Im gegenwärtigen Kriege können wir, nach der Verhetzung zu schließen, die auch im vlämischen Belgien unsere niederdeutschen Volksgenossen zu feindseligen und hinterlistigen Franktireuren gemacht hat, auf derartige freundliche Regungen kaum rechnen. Immerhin müssen wir sorgen, daß die Wurzeln des vlämischen Volkstums in dieser Gegend erhalten werden, damit aus ihnen unter günstigeren politischen Verhältnissen ein neues germanisches Leben erblühen kann.

3. Die Verschiebungen der Sprachgrenze im Laufe der Geschichte (Karte 2).

Dietrich Schäfer weist in dem obengenannten Aufsatze mit Entschiedenheit darauf hin, daß die deutsch-französische Sprachgrenze, soweit wir sie überhaupt zurückverfolgen können, im wesentlichen stets dieselbe gewesen ist wie jetzt. Dies trifft in der Tat für den bei weitem größten Teil der langen Strecke vom oberen Rhonetal bis zur Nordsee zu. Im einzelnen betrachtet sind aber doch die Schwankungen nicht unerheblich, und wir werden im Rahmen unseres Gebiets sogar auf einen sehr ausgedehnten und folgenschweren Verlust des germanischen Sprachgebiets hinzuweisen haben.

Was zunächst **Belgien** betrifft, so hebt auch Kurth hervor, daß die vlämisch-wallonische und hochdeutsch-wallonische Sprachgrenze sich im allgemeinen durch die Jahrhunderte sehr wenig verschoben habe, höchstens um den Bereich einer Gemeinde, wobei allerdings zu bemerken ist, daß die belgischen Gemeinden meist mehrere Dörfer mit einem großen Kirchdorf als Mittelpunkt umfassen. Eine genauere Prüfung ergibt nun aber, daß fast sämtliche derartige Verschiebungen **zum Nachteil des germanischen Sprachgebiets** erfolgt sind, und daß erst ganz neuerdings einige erheblichere vlämische Gewinne zu verzeichnen sind. Sogar in der letzten Zählung von 1910 haben sich die Mehrheitsverhältnisse in einigen Grenzgemeinden noch zu Ungunsten des Deutschtums verschoben. Nach den sehr sorgfältigen Aufstellungen und der Karte Kurth's, der mittels der Flurnamen-Forschung die seit etwa 600 Jahren eingetretenen Veränderungen verzeichnet hat, ergänzt durch die Ergebnisse der neuesten Statistik, gelange ich zu der folgenden Übersicht der germanischen bezw. romanischen Gewinne und Verluste in Belgien. Die beigefügten Bevölkerungszahlen beziehen sich auf 1910 und sollen eine ungefähre Schätzung der Bedeutung der Ortschaften ermöglichen.

Hochdeutsche Verluste	Einwohner in Tausenden	Hochdeutsche Gewinne	Einwohner in Tausenden
Provinz Luxemburg			
1. Ibingen (Aubange) . . (erst 1910 wall. Mehrh.)	1.4		
2. Meix le Tiege (Deutschmeer) .	0.6	keine	
3. Vance (Wanen) . . .	0.6		
4. Limerlé (Lamerscher)-Steinbach .	1.7		
Prov. Lüttich			
5. Limburg	4.7		
Sa. 5 Gemeinden mit jetzt Einwohnern .	9.0		

Vlämische Verluste		Vlämische Gewinne	
Prov. Lüttich, rechtes Maasufer			
1. Dalhem	1.0		
2. Aubel, geteilte Gemeinde, Verlust geschätzt auf .	1.5	keine	
3. Warsage	0.8		
4. Bombaye	0.5		
5. Berneau	0.5		
Linkes Maasufer			
Prov. Limburg			
6. Herstappe . . . (nach 1900 verloren)	0.1		
Prov. Lüttich			
7. Oleye	1.0		
8. Bettincourt	0.5		
9. Waremme . . .	4.2		
10. Berloz	1.0		
11. Rosoux-Crenwick . . .	0.8		

Prov. Limburg		Prov. Limburg	
12. Corswarem	0.9	1. Fresin	0.3
		(Groot Vorssen)	.
Prov. Lüttich		Prov. Lüttich	
13. Lincent	1.6	3. Wals Wezerem	0.3
14. Racour	1.1	4. Houtain l'Evêque	1.4
Prov. Brabant			
15. Neerheylissem	1.9		
16. Opheylissem	0.8		
17. St. Jean Geest	0.7		
18. St. Remy Geest	0.6		
19. Zetrud-Limay get. Gem.. Hauptteil verl.	1.7		
20. L'Écluse	0.5		
21. Beauvechain	2.0		
22. Tourinnes la Grosse	1.2		
23. Hamme-Mille	1.1		
24. Waterloo	4.4		
25. Saintes	2.8		
26. Bierghes	1.1		
Prov. Hennegau			
27. Petit Enghien	2.3		
28. Hoves-Graty	0.8		
Prov. Westflandern			
29. Espierres (erst 1900 verloren)	1.1		
30. Reckhem	3.4	5. Reckhem ca. 1900 zurückgewonnen	3.4
31. Comen (Comines)	6.7	6. Comen (Comines) (nach 1900 zurückgew.)	6.7
32. Houthem	1.5		
33. Bas-Warneton (Neder-Waesten)	0.8		
34. Warneton (Waesten)	4.1		
35. Ploegsteert	5.2		
Summa 35 Gemeinden mit jetzt	60.2	6 Gemeinden mit jetzt	12.4

Einwohnern.

Das Gesamtergebnis ist für das germanische Sprachgebiet höchst unerfreulich. Das Hochdeutsche verlor auf der kurzen politisch ungeschützten Grenze 5 Gemeinden mit jetzt 9000 Einwohnern und gewann nirgends Raum. Unter den deutschen Verlusten befindet sich die altberühmte Feste Limburg, die so weiten Landstrichen den Namen gegeben hat.

Die Vlamen verloren im Laufe der Jahrhunderte 35 Gemeinden mit jetzt 60 200 Einwohnern, von denen 2 größere mit 10 100 Einwohnern erst in jüngster Vergangenhait durch Arbeiterwanderungen wieder gewonnen sind. Der ganze ältere Gewinn des Vlamentums, der gewissermaßen Dorf gegen Dorf erworben ist, beziffert sich auf 4 kleinste Gemeinden mit zusammen 2 300 Einwohnern.

Dazu kommt der schon oben besprochene für das Vlamentum ungemein schmerzliche Verlust der Hauptstadt Brüssel, der erst in den letzten zwanzig Jahren, in einer Zeit, wo das Vlamentum im allgemeinen Fortschritte machte, vollendete Tatsache geworden ist.

Wenn man die sehr lange, nur an wenigen Stellen durch natürliche Grenzen (Flüsse, Berge, Wälder) geschützte Sprachgrenze als Ganzes betrachtet und sich alle die politischen, gesellschaftlichen und finanziellen Machtmittel vergegenwärtigt, die das Romanentum fast stets, das Vlamentum außer 1815—1830 nie zur Seite hatte, dann muß man im ganzen aber doch die Zähigkeit unserer niederdeutschen Vettern in Belgien anerkennen, ja bewundern. Was sie geleistet haben, wird besonders deutlich durch den Vergleich mit Nordfrankreich.

Die Veränderungen in Nordfrankreich.

Hier hatten sich zwei germanische Stämme an der Besiedelung und Verdrängung der keltisch-romanischen Ureinwohner beteiligt: die salischen Franken, die in breitem Strome durch das flandrische Flachland bis an die Meerenge von Calais vordrangen, dann die Sachsen, die im früheren Mittelalter bei ihren Raubfahrten über die Nordmeere nicht nur in England erobernd eindrangen, sondern auch an der ganzen französischen Küste bis zur Loiremündung zahlreiche Niederlassungen begründet haben. Zwischen der Linie Boulogne—Lille und der Nordseeküste waren die sächsischen Siedlungen besonders zahlreich; sie sind noch heute an den ziemlich unverstümmelten Ortsnamen unzweifelhaft erkennbar. Besonders die Endung thun, hochdeutsch Zaun, englisch ton, ist ganz charakteristisch. Diese und andere sächsische Bildungen finden sich in großer Häufigkeit fast gleichlautend in England ebenso wieder wie sie in diesem westlichsten Zipfel des festländischen Germaniens in Gebrauch sind. Taylor, Winkler, Kurth, Witte haben eine große Anzahl solcher Namen zusammengestellt, von denen ich einige hier anführe:

Nordfrankreich Dep. Pas de Calais u. Nord	England
Warhem	Warham
Le Wast	Wast
Frethun	Freton
Hollebeeke	Holbeck
Werwick	Warwick
Todincthun	Toddington
Colincthun	Collington
Hardinghem	Hardingham
Lozinghem	Lossingham
Sandgatte	Sandgate
Wimill	Windmill
Grisendall	Grisendale

Diese sächsischen Siedlungen, die nach Kurth auf unserer Karte kenntlich gemacht sind, waren eingebettet in die fränkischen Niederlassungen, die in breiter Fläche das ganze Gebiet nördlich der Linie Boulogne—Lille einnahmen.

So hatte nicht nur das gesamte Westflandern nördlich von der Leie, wahrscheinlich auch südlich von ihr bis an die Tore von Lille, einen durchaus germanischen Charakter, sondern ebenso der westlich anschließende nördliche Teil von Artois, ferner die ganze Grafschaft Guines mit Calais und der nördliche Teil der Grafschaft Boulogne. Letztere Stadt war ebenso wie Lille nach Kurth selbst nie germanisch, aber eng umgeben, „belagert" von germanischen Siedlungen. Die Sprachgrenze ging also damals in gerader Fortsetzung der jetzigen belgischen Sprachgrenze genau westöstlich weiter, indem sie sich in ihrem Verlauf im allgemeinen zwischen $50^0 40'$ und $50^0 45'$ n. Br. hielt und sich bei Aire sogar bis $50^0 35'$ nach Süden erstreckte. Calais (Kales), Guines, St. Omer, Aire waren genau so germanisch wie die jetzt ebenfalls verwelschten flandrischen Städte

Merville, (Meerghem), Grevelingen und das in Verwelschung begriffene Dünkirchen.

Das oben beschriebene noch heute vlämische Gebiet französisch Flanderns um Hazebroek, Cassel und St. Winoks-Bergen ist also das Überbleibsel einer einst dreimal so großen das ganze nördliche Drittel des heutigen Departements Pas de Calais und vor allem die wichtigen Uferlandschaften des Kanals einnehmenden niederdeutschen Besitztums. Die germanischen Ortsnamen gehen in diesen Gruppen noch über die bezeichnete Grenze nach Süden weiter ungefähr bis zur Mündung der Canche, und eine vollständige Durchforschung der Flurnamen dieser Gegend, die noch aussteht, würde voraussichtlich das früher deutsche Gebiet vergrößern. Kurth, dessen Angaben und dessen Karte ich in vorstehendem in der Hauptsache gefolgt bin, hat als französisch schreibender Autor und Professor in Lüttich nur solche Ortschaften dem germanischen Volkstum zugewiesen, bei denen sichere Beweise in dem von ihm bearbeiteten Teile der Flurnamen vorlagen. Was also auf unserer Karte eingezeichnet ist, war zweifelloser, lange Jahrhunderte festgehaltener Besitz der deutschen Volkssprache.

Wann sind nun die Hunderttausende, die hier früher niederdeutsch sprachen, romanisiert worden? Zum allergrößten Teil erst im Beginn und Verlauf des 19. Jahrhunderts. Es ist hier nicht der Ort, der wechselvollen politischen Geschichte dieses von zahllosen Kriegen verwüsteten, bald von diesem bald von jenem großen Nachbarn eroberten Küstengebiets im einzelnen nachzugehen. Die politischen Schicksale früherer Jahrhunderte sind auch deswegen für sprachliche Fragen von geringer Bedeutung, weil die Volkssprachen damals bei der Verteilung der Länder gar nicht beachtet wurden, und weil die mittelalterlichen Völker die Muttersprache nicht als ein kostbares Gut schätzten, sondern sie je nach Zweckmäßigkeit mit einer entwickelteren oder vornehmeren Sprache vertauschten. Man denke an die Heerscharen der Ost- und Westgoten, der Langobarden und, um ein naheliegendes Beispiel zu wählen, der Franken, die in Gallien, endlich an die späteren Züge der Normannen, die innerhalb weniger Geschlechter in Frankreich ihre germanische Sprache gegen die ungleich entwickeltere, an das allgemeingültige Lateinisch sich anlehnende romanische Sprache der Unterworfenen vertauschten.

Die Sprache der Staatsverträge und Urkunden jener Zeit, die

Sprache der Gelehrten und der Kirche war das Lateinische, die Sprache der Vornehmen war die der Lehnsherren, um die Sprache des Volkes kümmerte sich niemand. Als das Lateinische um 1200 die Alleinherrschaft als Urkundensprache mit der Volkssprache zu teilen anfing, trat in Flandern und Artois, wahrscheinlich auch in Guines zunächst das Französische an seine Stelle, weil diese Länder seit der großen karolingischen Teilung bei der französischen Krone zu Lehen gingen. Am Hofe der Grafen von Guines wird man ebenso das Französische bevorzugt haben wie an dem glänzenden Hofe der flandrischen Balduine. Erst die demokratische Bewegung des 14. Jahrhunderts brachte die germanische Sprache zu Ehren und zwar vor allen in den Städten, deren Aufstieg damals begann. Hier standen die flandrischen Städte bekanntermaßen an der Spitze und gelangten schnell zu außerordentlicher Blüte, teils im Einvernehmen, teils im Wettbewerb mit der deutschen Hansa, die in Brügge eines ihrer wichtigsten Kontore hatte. Die Städte sind tatsächlich die einzigen politischen Machtfaktoren gewesen, die in diesen früheren Jahrhunderten bereits ein bewußt nationales Empfinden bei ihren Bürgern ausgebildet hatten, die in ihrer Sprache mit ihren Fürsten verkehren, in ihrer Sprache Gottesdienst abhalten wollten. Da die Städte gleichzeitig Mittelpunkt der Geistesbildung und des Reichtums waren, ist diese Entscheidung der flandrischen Städte ausschlaggebend gewesen für die Erhaltung germanischer Art in diesem Grenzlande. Der Hof und die Ritter bevorzugten nach wie vor das Französische, so daß die jetzt zu Nordfrankreich gehörigen westlichen Gebiete früh einen zweisprachigen Charakter hatten, indem die Oberschicht französisch sprach, das Volk niederdeutsch. Westlich von Ypern gab es auch keine städtischen Gemeinwesen von hinreichender Bedeutung mehr, die dem Einfluß des Französischen in den höheren Klassen hätten entgegentreten können.

Nur in Calais scheinen Ansätze zu einer selbständigen städtischen Politik vorhanden gewesen zu sein. Wenigstens wird berichtet, daß diese Stadt am Anfang des 14. Jahrhunderts der deutschen Hansa beigetreten sei — was die flandrischen Städte als solche nicht getan haben und von den jetzt belgischen nur das romanische Dinant. Nicht lange darauf, 1347, fiel Calais an die Engländer und blieb über 200 Jahre (bis 1558) in ihrem Besitz; es war zuletzt ihr einziger Brückenkopf auf dem Festlande. Daß diese Zugehörigkeit auf die

Volksſprache in Calais und Guines irgend einen Einfluß geübt hat, iſt nach den Verhältniſſen der damaligen Zeit kaum anzunehmen. Jedenfalls wird kein amtlicher Druck zu gunſten des Franzöſiſchen ſtattgefunden haben, der übrigens auch in dem benachbarten franzöſiſchen Gebiet von Artois nicht ausgeübt wurde. Es beſtand jahrhundertelang ein friedliches Nebeneinander beider Sprachen. Immerhin waren die Verhältniſſe ſo, daß etwaigen ſtaatlichen Einflüſſen gegenüber, die für die franzöſiſche Sprache gegen die vlämiſche einwirkten, kein Widerſtand der gebildeten und führenden Volksſchicht zu erwarten war.

Und dieſe amtlichen Einwirkungen traten ſofort ein, als Ludwig XIV., der große Zentraliſator, als Herr in dieſen Landſchaften unumſchränkt ſchalten konnte. Er verſetzte dem Vlämiſchen den erſten Schlag durch ein Edikt vom Dezember 1684, eingetragen am 4. Januar 1685 beim flandriſchen Parlament, das verbot, in der Stadt Ypern und allen anderen Städten und Gerichten Weſtflanderns anders zu verhandeln als in franzöſiſcher Sprache: „Wir verbieten zu dieſem Ende allen Anwälten und Bevollmächtigten, ſich noch der vlämiſchen Sprache zu bedienen, ſei es für mündliche Verträge vor Gericht, ſei es für Schriftſätze oder Prozeßakten anderer Art, und den Magiſtraten der genannten Städte und Gerichtsbezirke, es zu dulden, auch ihre Urteile in anderer Sprache als der franzöſiſchen zu verkünden, bei Strafe der Nichtigkeit und des Ungehorſams".

Dies galt für Weſtflandern, alſo die heute zum Departement Nord gehörigen vlämiſchen Bezirke zwiſchen Dünkirchen, St. Omer und der Leie. Im vlämiſchen Teil von Artois und in Guines ſcheint das Franzöſiſche damals ſchon Staatsſprache geweſen zu ſein.

Ein Widerſpruch gegen dieſen Erlaß wurde aus Flandern nicht erhoben, während das Elſaß wenig ſpäter gegen einen ähnlichen Erlaß Ausnahmebeſtimmungen zu gunſten des Deutſchen durchſetzte. Die vlämiſche Sprache war aber durch die Verwelſchung der Oberſchicht jeder Widerſtandskraft beraubt. Sie blieb aber trotzdem die Volksſprache in dem ganzen auf unſerer Karte 2 verzeichneten Gebiet bis zum Ende des 18. Jahrhunderts. Sie blieb die Sprache der Kanzel, des Katechismus, der Elementarſchulen.

Erſt die Revolution hat vollendet, was Ludwig XIV. begonnen hatte. Der Konvent der franzöſiſchen Republik verfügte im 2. Thermidor des Jahres II.: Keine ſtaatliche Urkunde dürfe anders als französisch geschrieben werden, kein Schriftstück dürfe amtlich eingetragen werden, selbst unter Privatsiegel nicht, wenn es nicht französisch geschrieben wäre. Ferner wurden von der Revolution die vlämischen Schulen geschlossen und die Wiedereröffnung später nur unter der Bedingung französischer Unterrichtssprache gestattet. Freiheit, Gleichheit und Brüderlichkeit wurden damals wie stets von den Franzosen lediglich als tönende Schlagworte verwandt, die den unterjochten Völkern zugerufen wurden, während man ihre Rechte mit Füßen trat.

Eine Sprache, die kein Gebildeter mehr spricht, die in keiner Amtsstube, bei keinem Gericht anerkannt wird, die auf keiner Kanzel gesprochen und in keiner Schule mehr gebraucht wird, ist dem allmählichen Untergange geweiht. An den Grenzen vor allem, wo die einfache Volkssprache in Wettbewerb tritt mit einer hochentwickelten, eine reiche Literatur erschließenden Weltsprache, deren Kenntnis allein ein Aufsteigen aus Armut und Gedrücktheit ermöglicht, war eine allmähliche Abbröckelung unvermeidlich. So hat denn das auf die Revolution folgende Geschlecht die vlämische Volkssprache im nördlichen Artois, in Guines und am Kap Gris Nez (Grise Nes) im Anfang des neunzehnten Jahrhunderts nach und nach bei Seite gelegt, während sie bis dahin ungefähr in den beschriebenen Grenzen geherrscht hatte.

Damit hatte das Deutschtum seinen westlichsten Ausläufer, der zugleich ein Wachtposten an der wichtigsten Meeresstraße der Welt hätte sein können, verloren. In Westflandern noch 60 Kilometer breit, bei Calais nur noch 25 Kilometer, zog sich dieses Band deutschen Volkstums an der Küste entlang und schien mit seinem starken Einschlag alter sächsischer Siedlungen bestimmt zu sein, über den nur 32 Kilometer breiten Kanal eine Verbindung mit den stammverwandten Sachsen Südostenglands herzustellen. Die politische Geschichte dieser Länder hat sich anders entwickelt als es ihnen nach ihrer völkischen Zugehörigkeit vorausbestimmt schien, und durch politische Machtmittel ist das bodenständige deutsche Volkstum dieser Gegend des wichtigsten äußeren Kennzeichens seiner Art, der volkstümlichen Sprache, und damit auch des völkischen Bewußtseins beraubt worden. Das germanische Blut aber hat sich im wesentlichen unvermischt an der Kanalküste behauptet; obwohl an dem verkehrsreichsten Meere der Gegenwart belegen, wird dies Gebiet doch von einer recht seßhaften Bevölkerung bewohnt, die ihre Zugehörigkeit zum vlämischen Stammland schwerlich vergessen hat. In dem östlichen noch an das belgische Vlamentum angelehnten Teil des französischen Niederdeutschtums sehen wir bereits neues Leben, neues Fortschreiten, dem der Weg nach Westen gewiesen ist.

Unsere Zeit führt keine dynastischen Kriege mehr, die in früheren Jahrhunderten für wahre und vermeintliche Erbansprüche der Herrscher allzuhäufig Gut und Blut der Völker verzehrten. Die Kriege der Gegenwart werden von den Völkern selbst um ihrer eigenen völkischen Belange willen ausgefochten; der Boden des Vaterlandes soll beschützt, alter Raub des Volksbodens zurückgewonnen werden. Aber gibt es nicht auch ein Erbrecht der Völker? Darf das deutsche Volk die seit $1^{1}/_{2}$ Jahrtausenden von den Söhnen seines Volkes besiedelten Küsten des Kanals nicht als sein Erbgut ansehen, auch wenn die dortigen Deutschen seit einem kurzen Jahrhundert ein fremdes Sprachkleid angezogen haben?

Wenn wir die Schlußfolgerungen, die sich aus vorstehender Darstellung ableiten lassen, kurz zusammenfassen, so gelangen wir zu folgenden Sätzen:

1. Die niederdeutsche (vlämische) Sprache ist in Belgien trotz der Hindernisse, die die Regierung ihr hartnäckig in den Weg legt, in kräftiger Entwickelung begriffen; die Zahl der vlämisch Sprechenden hat sich neuerdings weit stärker vermehrt als die der wallonisch-französisch Sprechenden. Die hochdeutsche Sprache hat ebenfalls geringe Fortschritte gemacht.
2. Die germanisch-romanische Sprachgrenze hat überall da, wo sich die Volkssprachen in ländlichen Bezirken unter nicht zu ungleichen Bedingungen gegenüberstanden, im Laufe der Jahrhunderte nur mäßige Verschiebungen erlitten, die allerdings fast sämtlich Gewinne des romanischen, Verluste des germanischen Sprachgebiets waren. Erst in den letzten 20 Jahren hat das Vlamentum durch Arbeiterwanderungen einige Eroberungen gemacht.
3. Überall da jedoch, wo die Lebensbedingungen der Sprachen sehr ungleich waren, wo politische und gesellschaftliche Machtmittel ausschließlich in den Dienst des Französischen gestellt wurden, und insbesondere wo die Volksschule ihren ge-

waltigen Einfluß ausschließlich in französischen Sinne geltend machte, hat das Niederdeutsche schwere Verluste erlitten; so ging vor allem das Gebiet an der Kanalküste von Boulogne bis Dünkirchen, landeinwärts bis Aire verloren, so ging neuerdings die Mehrheit in der im vlämischen Sprachgebiet gelegenen Hauptstadt Brüssel an das Franzosentum über.

Anhang.

Verzeichnis

der an den beiden Seiten der Sprachgrenze in Belgien einander gegenüberliegenden

Grenzgemeinden.

Hochdeutsche Seite

Provinz	Gemeinde	Bemerkungen betr. Gebrauchsprache usw.
Luxemburg	Athem[1]) (Athus)	1910 knappe deutsche Mehrheit
	Metzig (Messancy)	10 % wallonisch
	Holdingen (Halanzy), geteilte Gemeinde[2])	42 % deutsch
	Hewerdingen (Habergy)	—
	Toernich	—
	Herzig (Hachy)	—
	Elcheroth (Nobressart)	—
	Attert	—
	Martelingen (Martelange)	—
	Feiteler (Fauvillers), geteilte Gemeinde	—
		40 % deutsch
	Tinnen (Tintange)	ca. 75 % deutsch
	Bockholz (Beho)	—
Lüttich rechts der Maas	Membach (Hertogen Wald)	10 % wallonisch
	Baelen	30 % "
	Henri Chapelle	30 % "
	Aubel (geteilte Gemeinde), kleiner östlicher Teil	

Vlämische (niederdeutsche) Seite

Provinz	Gemeinde	Bemerkungen betr. Gebrauchsprache usw.
	Aubel, geteilte Gemeinde	57 % vlämisch
	Fouron St. Martin	—
	Fouron St. Pierre	—

Wallonische Seite

Provinz	Gemeinde	Bemerkungen betr. Gebrauchsprache usw.
Luxemburg	Aubange (Ibingen)	früher deutsch, 1910 zuerst wallonische Mehrheit
	Halanzy (Holdingen), geteilte Gemeinde	58 % wallonisch
	Rachecourt (Resig)	—
	Meix le Tighe (Deutsch-Meer)	früher deutsch
	Chatillon	—
	Vance (Wanen)	früher deutsch
	Habay la Neuve (Neu-Habich)	—
	Anlier (Ansler)	—
	Fauvillers (Feiteler), geteilte Gemeinde	60 % wallonisch
	Hollange (Hollen)	über 10 % deutsch
	Limerlé (Lamerscher)-Steinbach	früher deutsch
	Bovigny	—
	Vielsalm	—
	Jalhay	—
Lüttich rechts der Maas	Limburg-Dolhain	5—10 % deutsch, früher deutsch
	Bilstain	—
	Andrimont	—
	Thimister	—
	Clermont	—
	Aubel (geteilte Gemeinde)	41 % wallonisch
	Charneux	—
	Warsage	früher vlämisch

links der Maas	Sichen-Sussen et Bolré	
	Fall et Mheer	—
	Millen	—
	Sluse	—
	Nederheim	—
	Freeren	—
	Heur le Tiexhe	—
	Russon	—
	Lowaige	—
	Vechmael	—
	Horpmael	—
	Heers	—
	Opheers	—
	Basheers	—
	Roclange-Looz	—
	Goyer	—
	Borloo	—
	Fresin	früher wallonisch
	Corthys	—
	Montenaeken	—
Lüttich	Houtain l'Evêque	früher wallonisch
	Wamont	—
	Landen	—
	Overwinden	—
	Neerwinden	—
	Laer	—
Brabant	Esemael	—

links der Maas		
Limburg	Lanaye	—
	Eben-Emael	—
	Wonck	—
	Bassenge	—
	Roclange sur Geer	—
Lüttich	Boirs	—
	Glons	—
	Paifve	—
	Wihogne	—
	Othée	—
	Villers l'Evêque	—
Limburg	Herstappe	bis 1900 vlämisch
Lüttich	Crisnée	—
	Thys	—
Limburg	Otrange	—
Lüttich	Oreye	—
	Grandville	—
	Bergilers	—
	Lantremange	
	Oleye	früher vlämisch
	Waremme	„ „
	Bettincourt	„ „
Limburg	Corswarem	„ „
Lüttich	Rosoux-Crenwick	—
	Boelhe	—
	Trognée	—
	Cras-Avernas	—
	Bertrée	—
	Avernas le Bauduin	—
	Lincent	früher vlämisch
	Racour	„ „
Brabant	Neerheylissem	„ „

Provinz	Gemeinde	
	Gossoncourt	—
	Zétrud-Limay (geteilte Gemeinde)	52 % vlämisch
	Hougaerde	—
	Meldert	—
	Opvelp	—
	Weert St. Georges	—
	Rhode St. Agathe	—
	Ottembourg	—
	Overyssche	—
	Hoeylaert (Forêt de Soignes)	—
	Rhode Saint Genèse	—
	Alsemberg	—
	Huyssinghen	—
	Tourneppe	—
	Hal (Bois de Hal)	—
	Lembecq	—
	Brages	—
	Bellinghem	—
	Bogaerden	—
	Hautecroix	—
Hennegau	PetitEnghien (geteilte Gemeinde)	49 % vlämisch
	Herinnes	—
	Enghien	—
	Marq (geteilte Gemeinde)	57 % vlämisch
	St. Pierre-Cappelle	—
	Bievène	—
	Acren, les deux, (geteilte Gemeinde)	22 % vlämisch
Ostflandern	Moerbeke	—
	Overboulaere	—

Provinz	Gemeinde	
	Opheylissem	" "
	Pietrain	früher vlämisch
	St. Jean-Geest	" "
	Zétrud-Limay (geteilte Gemeinde)	48 % wallonisch
	St. Remy Geest	früher vlämisch
	L'Ecluse	" "
	Beauvechain	" "
	Tourinne-la-Grosse	" "
	Hamme-Mille	" "
	Nethen	—
	Wavre	—
	Bierges	—
	Rosières	—
	Rixensart	—
	Genval	—
	La Hulpe	—
	Waterloo	früher vlämisch
	Braine l'Alleud	—
	Wauthier-Braine	—
	Braine le Château	—
	Clabecq	—
	Tubize	—
	Saintes	früher vlämisch
	Bierghes	" "
	Rebecq-Rognon	—
Hennegau	PetitEnghien (geteilte Gemeinde)	51 % wall., fr. vläm
	Hoves	früher vlämisch
	Graty	" "
	Marq (geteilte Gemeinde)	43 % wallonisch
	Silly	—
	Basilly	—
	Hallebeq (Bois de Lessines)	—
	Acren les deux (geteilte Gemeinde)	78 % wallonisch
	Lessines	—
	Ghoy	—

Ostflandern	Opbrakel	
	Schoorisse	—
Hennegau	Ellezelles (geteilte Gemeinde)	10 % vlämisch
Ostflandern	Ronsse (Renaix)	—
	Quaremont	—
	Ruyen	—
Westflandern	Avelghem	—
	Antryve	—
	Bossuet	—
	Helchin	—
	St. Genois	—
	Coyghem	—
	Rolleghem	—
	Aelbeke	—
	Reckhem	früher wallonisch (62 % vläm., 38 % wall.)
	Werwik (Werwicq)	—
	Belg. Comen (Comines Belge)	45 % wallonisch
	Gheluvelt	—
	Zandvoorde	—
	Hollebeke	—
	Wytschaete	—
	Meesene (Messines)	14 % wallonisch
	Wulverghem	—
	Nienkerke (Neuve Eglise)	24 % wallonisch

	Ellezelles (geteilte Gemeinde)	90 % wallonisch
	St. Sauveur	—
	Dergneau	—
Ostflandern	Rousseignies	—
	Amougies	—
	Orroir	—
Hennegau	Escanaffles	—
	Pottes	—
Westflandern	Espierres	bis 1900 vlämisch, jetzt 58 % wallon
	Dottignies	—
	Luingne	—
	Mouscron (Moscroen)	31 % vlämisch
	Houthem[3])	früher vlämisch
	Bas Warneton (Neder Waesten)	früher vlämisch
	Warneton (Waesten)	„ „
	Ploogsteert	„ „

[1]) Die germanischen Ortsnamen in Luxemburg sind Warker (D. Erde, 1909), die in Westflandern der Karte von Langhans (Deutsche Erde, 1913. Taf. 6) entnommen. Im übrigen standen nur die amtlichen französischen Ortsnamen zur Verfügung.

[2]) Bei „geteilten Gemeinden" geht die Sprachgrenze durch das Gemeindegebiet; ein Teil der zur Gemeinde gehörigen Ortschaften spricht die eine, ein Teil die andere Sprache. Die Prozentzahlen bei diesen und bei gemischtsprachigen Gemeinden beziehen sich auf die Gebrauchssprache.

[3]) Nach Langhans' Karte, Deutsche Erde, 1913, Taf. 6, vlämische Mehrheit. Nach der amtlichen Statistik 32 % vlämisch, 68 % wallonisch.

Sprachenkarte von Belgien

Bearbeitet von Prof. Dr. Th. Deneke.

Hamburg

Karte 1.

der Zählung vom 31. Dez. 1910.

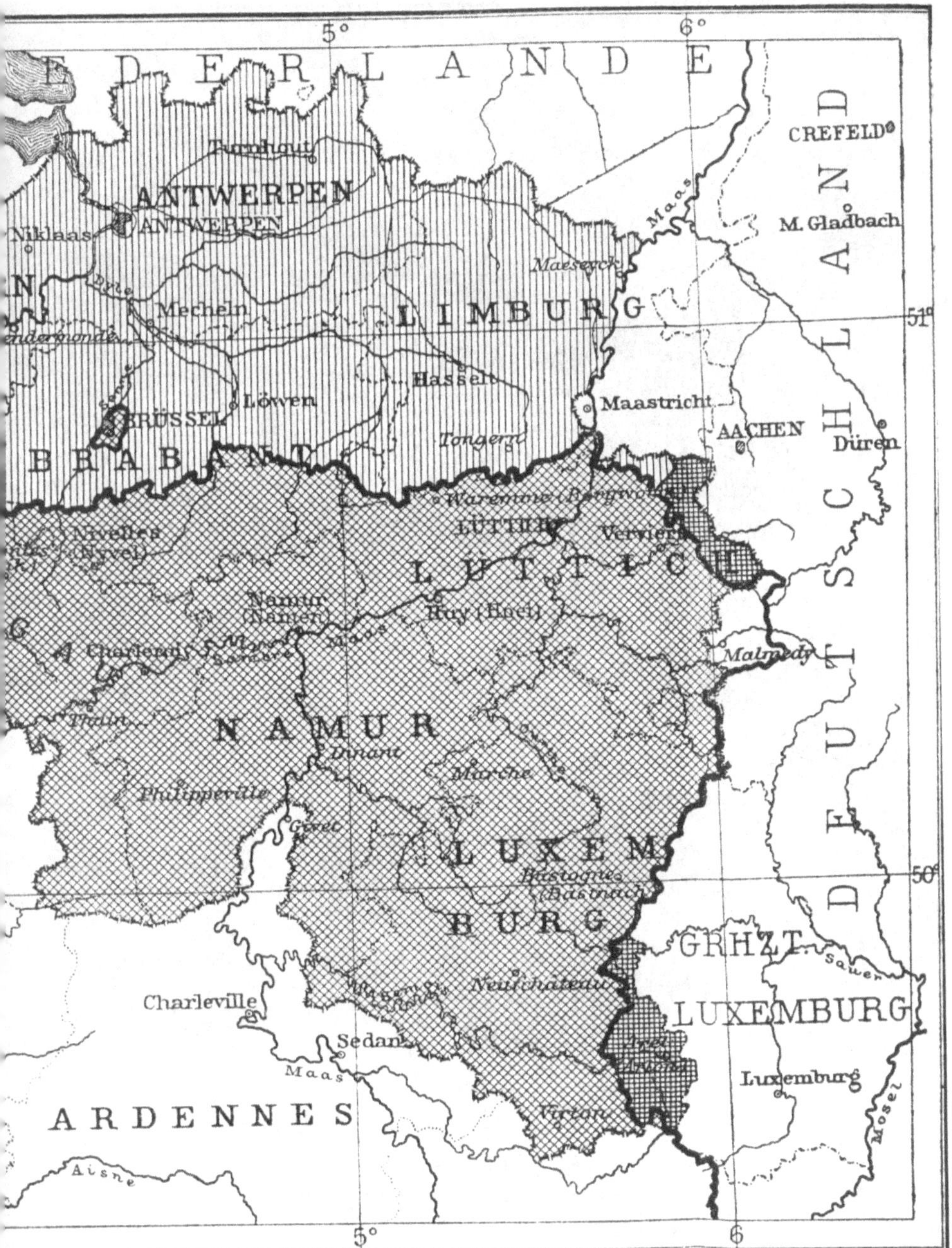

Gez. von C. Völsch.

chsen & Co.

Verschiebung

Bearb. von Prof. Dr Th. Deneke 1914.

Hamburg :

Karte 2.

Sprachgrenze.

Gez. von C. Völsch.

sen & Co.

Druck von J. J. Augustin in Glückstadt und Hamburg.

MIX
Papier | Fördert gute Waldnutzung
FSC® C083411

Zeitfracht Medien GmbH
Ferdinand-Jühlke-Straße 7
99095 Erfurt, Deutschland
produktsicherheit@kolibri360.de